儿童安全图画丛书·居家安全

王剑锋　编著

金盾出版社

内 容 提 要

　　《儿童安全图画丛书》是为儿童家长和小朋友们编写和绘制的,分为《居家安全》《出行安全》《校园安全》和《游戏安全》四册,涉及孩子们学习、生活中各个方面的安全常识。《居家安全》包括卫生间里的危险、微波炉不能玩等内容。本书图文并茂,既适合学龄前儿童与父母亲子共读,也适合小学低年级的学生阅读。

图书在版编目(CIP)数据

居家安全/王剑锋编著 . —北京:金盾出版社,2014.10
(儿童安全图画丛书)
ISBN 978-7-5082-9533-6

Ⅰ.①居…　Ⅱ.①王…　Ⅲ.①安全教育—儿童读物　Ⅳ.①X956-49

中国版本图书馆 CIP 数据核字(2014)第 157195 号

金盾出版社出版、总发行
北京太平路 5 号(地铁万寿路站往南)
邮政编码:100036　电话:68214039　83219215
传真:68276683　网址:www.jdcbs.cn
北京印刷一厂印刷、装订
各地新华书店经销
开本:889×1194 1/24　印张:3
2014 年 10 月第 1 版第 1 次印刷
印数:1~ 5000 册　定价:10.00 元

 前 言

　　每一位家长都应该牢记,孩子,不仅仅是自己的,还是社会的。对孩子的安全负责是我们每一位家长应尽的责任。在对孩子的教育中,安全是第一位的,只有让孩子健康平安地成长,才是家长最高兴的事。孩子是天真的,他们没有完全判断危险的能力,他们只是用好奇的目光来看待这个世界。在孩子的眼中,一切都是那么美好。可是,现实生活并不是这样的。有时,不起眼儿的小木棍,就可能会造成孩子一生的不幸;有时,一个不起眼儿的恶作剧,可能会对孩子造成伤害;有时,一个小小的塑料袋,就可能会使孩子的生命终止……随着社会的不断发展,食品、玩具、电器、交通工具等都潜藏着我们始料不及的种种安全隐患。就是这些安全隐患,已经对孩子的生命和安全构成了巨大的威胁。

　　我们应该帮助孩子认识并了解社会中存在的各种安全隐患,让孩子们尽快地培养自我保护意识,在面对安全隐患时学会自我保护,在人生道路上平安健康地成长。这套《儿童安全图画丛书》将会告诉大家如何消除身边的安全隐患,以防患于未然。

　　在编绘这本书的过程中,张丽芹、王琴、王英会、李丽英、王军和杨秋红对我们给予了很大帮助,在这里表示感谢!

　　王剑锋祝全国小朋友平安健康,快乐成长!

目 录

不能从高空中抛东西

住在高楼上的小朋友,千万不能向窗户外面抛东西,会砸伤行人的。

不能随便拉桌布

小朋友拉桌布会被桌面上的东西砸伤，如果上面有热水或热汤，还有被烫伤的危险。

不能玩电吹风

小朋友玩电吹风很容易将头发卷到电吹风里面去。电吹风的温度上升也很快,还会造成烫伤。

不要大口吃东西

吃东西时，千万不能狼吞虎咽，这样会噎着。

不要登高取东西

攀爬梯子、柜子或高的凳子取东西，容易失去平衡摔下来。

不要给陌生人开门

不要给陌生人开门，他们可能是坏人，很危险。

不要喝太烫的水和汤

喝太烫的水和汤会伤到食道，并且太烫的水和汤，还有可能把小朋友的皮肤烫伤。

不要留长指甲

留长指甲容易使手指受伤，还有可能将别人抓伤，而且留长指甲也不卫生。

不要摸通电的熨斗

无论是正在通电的还是刚刚拔下插头的电熨斗,小朋友都不能摸,因为电熨斗上有很高的温度,会烫伤人。

不要随便拿刀具

小朋友随便拿刀具会划伤身体,如果水果刀扎到眼睛上,还会造成眼睛受损伤。

不要拿重物

搬运重物会被砸伤或扭伤身体，如果是金属物品，还会发生危险。

不要随便戴眼镜

　　市场上有些看上去很好看的儿童眼镜,对小朋友的眼睛是有害的。家长的近视眼镜或老花镜更不能戴,因为这些眼镜是有度数的,对小朋友眼睛的危害更大。

不要随便拽电线

电线是连着电器的,拽电线容易将电器拽倒,发生危险,老化的电线还有漏电的危险。

不要躺在床上吃东西

躺在床上吃东西，会有噎着的危险。

不要玩打火机或火柴

玩打火机或火柴会引起火灾。

不要玩电蚊拍

小朋友玩电蚊拍会发生触电危险。

不要玩饮水机

饮水机的热水会将小朋友烫伤。

不要往空中扔食品用嘴接住吃

有的小朋友将食品扔到半空中,然后用嘴接住吃。这样做,食品可能会到嗓子里卡住气管,发生窒息而危及生命。

不要往嘴里塞小物品

小朋友将小物品塞到嘴里，不小心咽下去，会卡住气管，有生命危险。

不要用深桶存水

用深桶存放水时，小朋友不小心头朝下掉进深桶里，会发生溺水身亡的危险。

救命

身体不要直接对着水蒸气

身体直接对着水蒸气,会被严重地烫伤。

不要自己掏耳朵

　　小朋友的耳朵不能自己来掏,也不能让别的小朋友来给自己掏,这样做会将耳膜掏坏。更不能把豆子、螺丝和其他尖锐的东西等放到耳朵里。

不要在浴缸里自己洗澡

小朋友如果自己洗澡，会由于浴缸太滑发生溺水事故。

吃饭前要洗手

在吃饭前不洗手会生病的。

吃饭时不要玩餐具

吃饭时用牙齿咬餐具，会损坏牙齿，也容易戳坏牙齿。如果不小心的话，还可能会戳到嘴里面，造成伤害。

吃饭时要安静

在吃饭时，不要蹦或跳，也不要笑和哭，否则，饭会呛到气管里，造成窒息而有生命危险。

打碎了玻璃器皿或瓷器怎么办

当小朋友打碎了玻璃器皿或瓷器后,不要用手去捡,这样会将手划伤,一定要告诉家长,让家长来处理。

大人的化妆品不能玩

小朋友如果经常接触大人的化妆品，很容易引起过敏或早熟。

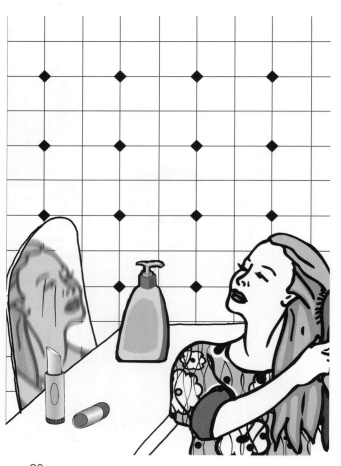

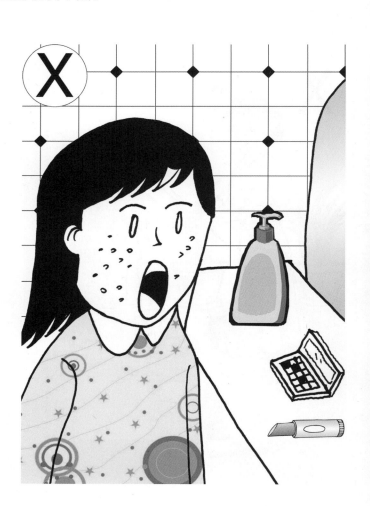

大人的领带不能玩

小朋友学大人系领带，会将领带或绳子在自己身上缠来缠去，造成窒息而发生危险。

电器冒烟了要注意

发现电器冒烟的情况,小朋友千万不要用水去灭火,会有触电的危险。要马上告诉家长,让家长来处理。

电扇不是玩具

　　当电扇在工作时，小朋友如果将手伸进电扇里，旋转着的叶片会将手指削伤的；如果用小棍类的东西去戳电扇，小棍去会被弹出来将人碰伤；如果是长头发的小朋友，也不能在电扇附近玩，以免头发被卷进去发生危险。

电源插座很危险

有的小朋友会用湿木棍或铁丝往电源插座里面捅，会有触电的危险。

冬天不能用湿手摸冰冷的铁东西

冬天如果用湿手摸室外冰冷的铁东西,会将小手粘住。这时,千万不要用力将手松开,否则,会伤到手的皮肉。

发芽的土豆千万不能吃

吃了发芽的土豆，会发生食物中毒，严重的话，还会有生命危险。

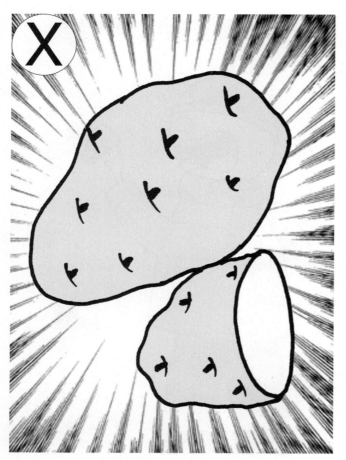

防护网不只是用来防盗的

住在高层的家庭最好也要安装防护网,以防小朋友从窗户上掉下去。

干燥剂不能玩

　　无论是衣物还是食品里面的干燥剂,都是用石灰制成的。如果石灰进入小朋友的眼睛里,会对眼睛造成伤害,应该马上到医院看医生。

刚刚擦过的地板要小心

刚刚擦过的地板是很滑的,小朋友一定不要在上面跑来跑去,更不能光着小脚丫跑,这样会滑倒的。在浴室里洗漱,一定要穿上拖鞋。

果冻最好买可以吸着吃的

果冻表面很光滑，会被噎着发生窒息。家长最好给小朋友买可以吸着吃的果冻。

家门被撬了，要小心

　　小朋友发现自己家的门被撬了，不要立即到屋里去，因为很可能小偷就在自己家里偷东西，会很危险的，要马上找邻居或物业人员来帮忙。

开关抽屉的时候不要快

小朋友在关抽屉时，会将手放在抽屉的上方或两侧用力来关，这样做，会将手夹伤。在开抽屉时，如果用力过大，还可能将抽屉拉下来，会将脚砸伤。

开水很危险

如果小朋友将开水壶或暖水瓶打翻,会将身体烫伤,严重的还会造成残疾。

马桶的危险

小朋友的平衡能力差，会发生脚或其他部位进入马桶中出不来的危险。

怎样在家里放常备的药品

家长要将药放到小朋友拿不到的地方，以防止小朋友误吃后发生危险。

杀虫剂是有毒的

　　所有的灭蚊剂、杀虫剂都是有毒的。如果小朋友过多吸入这种气体后,会影响大脑正常发育。小朋友不要在刚刚喷洒过杀虫剂的房间里逗留,接触过杀虫剂后,一定要立刻洗手。

生病了要到正规医院

　　如果生病了,一定要到正规医院去看医生。有的不正规的医院给病人乱用药,有时还用国家禁止用的药,这样很危险。

生吃瓜果要洗干净

生吃瓜果一定要洗干净，有些水果还要削皮，如果吃到不洁净的瓜果会生病的。

剃须刀很危险

小朋友不要学爸爸用锋利的剃须刀刮脸,这样做会将脸划伤。

天然气很危险

　　小朋友不能随意打开天然气灶,因为打开了天然气,在没有燃烧和通风的情况下,只要遇到火星,就会发生燃烧,如果室内天然气浓度过高,还有可能会造成整幢楼爆炸的事故。

停电后不要乱动

　　停电后,不要马上往室外跑,应该在室内拉开窗帘,看看别人家是否也停电了。判断自己家的电线是否坏了。一定要让家长来处理,自己千万不要私自去动电线或电源开关。

微波炉不能玩

　　玩微波炉不仅会有微波辐射的危险,还有触电的危险。如果小朋友在微波炉里放上鸡蛋等东西,还会有爆炸的危险。

卫生间里的危险

　　卫生间里的消毒液或清洁剂是强酸性或强碱性的化学药品,对皮肤有一定的腐蚀作用,所以小朋友不要随便动它们。

香皂不能吃

小朋友不能吃香皂或香水，否则会中毒。

小朋友不要穿高跟鞋

小朋友如果穿高跟鞋，会将脚踝扭伤。

小朋友千万不要喝酒

酒对小朋友的身体损伤很大，容易使小朋友生病。酒精的麻醉作用还会影响小朋友的记忆力。

小心花盆

小朋友还小,力气也很小,很容易拿不稳高处的花盆而被砸伤或被花盆中的植物扎伤。

小心鱼刺扎嗓子

　　小朋友在吃鱼的时候不要着急，要仔细剔除鱼肉里的鱼刺。如果有鱼刺扎到嗓子里，千万不能用馒头或米饭强行吞咽，家长可以试着压住其舌头的前半部分，在光下观察，如果能找到鱼刺，可以用镊子夹出来，或者求助于医生来解决。

要学会接电话

如果小朋友自己在家,来了陌生人的电话,应该告诉陌生人,家长正在忙着,现在没时间接电话,一会儿让家长回电话。最好还要问对方的姓名和电话号码。这样,家长就可以知道打电话的人是不是自己认识的人了。

要远离爆竹

在过新年或在结婚、搬家、庆典时，有人会放鞭炮，小朋友一定要远离爆竹，以免伤到自己。

一定要养成刷牙的习惯

小朋友在吃完饭后,牙缝里会有残留的食物,如果牙缝刷不干净,日久天长会造成牙病的,所以要养成早晚刷牙的习惯。

硬币不能放在嘴里

硬币经过很多人的手传到了自己的手中,上面有很多种病菌,如果将硬币放到嘴里就会传染疾病,或者卡住嗓子。

不要经常吃油炸食品

　　油炸食品不易消化,经常吃油炸食品会得胃病。经常吃油炸食品的小朋友,还容易导致肥胖,并容易致癌。

油炸小吃

最好不要吃烧烤

烧烤会使致癌物质在体内积蓄而诱发胃癌、肠癌等。

不要长时间看电视和电脑

千万不要让小朋友长时间看电视和电脑,否则,对眼睛的危害很大。小朋友要控制好时间,避免发生高度近视。

学会打 110

　　110 是报警电话,是专门打给警察叔叔的。比如,遇到小偷或有人打架时,就要给警察叔叔打电话。打 110 时,要镇定,不要慌张,一定要很清楚地对警察叔叔说出案件发生的地点,发生了什么事情。这样,警察叔叔就可以用最快的速度赶到事发现场进行处置。因为小朋友还小,千万不要与坏人正面搏斗。

学会打 119

　　119 是火警电话。如果发生了火灾,小朋友千万不要盲目去救,一定要远离现场,以免发生伤亡。打 119 火警电话时不要慌张,要说清楚发生火灾的地址。

学会打 120

　　120 是急救电话,有人发生急病或严重受伤时,要打 120 急救电话。打急救电话时,一定不要慌张,要说清楚地址,最好说清楚是什么病,或是什么症状,以便医生能及时判断病情,用最快的速度挽救病人的生命。